Studienplaner 2019/2020

Dieser Planer gehört:

_____

_____

_____

_____

_____

Meine Ziele

Meine Ziele

Meine Ziele

Vorlesungen

Semester: _____

Zeit	Montag	Dienstag	Mittwoch	Donnerstag	Freitag

Notizen

Vorlesungen

Semester: _____

Zeit	Montag	Dienstag	Mittwoch	Donnerstag	Freitag

Notizen

Klausuren

Fach/Modul	Datum

Seminararbeiten & Co.

Fach/Modul	Thema	Abgabe

Noten

Fach/Modul											

Sprechstunden

Dozent/in	Kontakt	Raum	Tag/Zeit

Notizen

Kontaktliste

Name	Telefon	E-Mail

Kontaktliste

Name	Telefon	E-Mail

2019

JANUAR
M	D	M	D	F	S	S
31	01	02	03	04	05	06
07	08	09	10	11	12	13
14	15	16	17	18	19	20
21	22	23	24	25	26	27
28	29	30	31	01	02	03

FEBRUAR
M	D	M	D	F	S	S
28	29	30	31	01	02	03
04	05	06	07	08	09	10
11	12	13	14	15	16	17
18	19	20	21	22	23	24
25	26	27	28	01	02	03

MÄRZ
M	D	M	D	F	S	S
25	26	27	28	01	02	03
04	05	06	07	08	09	10
11	12	13	14	15	16	17
18	19	20	21	22	23	24
25	26	27	28	29	30	31

APRIL
M	D	M	D	F	S	S
01	02	03	04	05	06	07
08	09	10	11	12	13	14
15	16	17	18	19	20	21
22	23	24	25	26	27	28
29	30	01	02	03	04	05

MAI
M	D	M	D	F	S	S
29	30	01	02	03	04	05
06	07	08	09	10	11	12
13	14	15	16	17	18	19
20	21	22	23	24	25	26
27	28	29	30	31	01	02

JUNI
M	D	M	D	F	S	S
27	28	29	30	31	01	02
03	04	05	06	07	08	09
10	11	12	13	14	15	16
17	18	19	20	21	22	23
24	25	26	27	28	29	30

JULI
M	D	M	D	F	S	S
01	02	03	04	05	06	07
08	09	10	11	12	13	14
15	16	17	18	19	20	21
22	23	24	25	26	27	28
29	30	31	01	02	03	04

AUGUST
M	D	M	D	F	S	S
29	30	31	01	02	03	04
05	06	07	08	09	10	11
12	13	14	15	16	17	18
19	20	21	22	23	24	25
26	27	28	29	30	31	01

SEPTEMBER
M	D	M	D	F	S	S
26	27	28	29	30	31	01
02	03	04	05	06	07	08
09	10	11	12	13	14	15
16	17	18	19	20	21	22
23	24	25	26	27	28	29
30	01	02	03	04	05	06

OKTOBER
M	D	M	D	F	S	S
30	01	02	03	04	05	06
07	08	09	10	11	12	13
14	15	16	17	18	19	20
21	22	23	24	25	26	27
28	29	30	31	01	02	03

NOVEMBER
M	D	M	D	F	S	S
28	29	30	31	01	02	03
04	05	06	07	08	09	10
11	12	13	14	15	16	17
18	19	20	21	22	23	24
25	26	27	28	29	30	01

DEZEMBER
M	D	M	D	F	S	S
25	26	27	28	29	30	01
02	03	04	05	06	07	08
09	10	11	12	13	14	15
16	17	18	19	20	21	22
23	24	25	26	27	28	29
30	31	01	02	03	04	05

Feiertage

01. Jan.	Neujahr		10. Jun.	Pfingstmontag
06. Jan.	Heilig Drei Könige		20. Jun.	Fronleichnam
14. Feb.	Valentinstag		15. Aug.	Mariä Himmelfahrt
28. Feb.	Altweiberfasching		03. Okt.	Tag der Deutschen Einheit
04. Mär.	Rosenmontag		06. Okt.	Erntedankfest
05. Mär.	Faschingsdienstag		31. Okt.	Reformationstag
06. Mär.	Aschermittwoch		31. Okt.	Halloween
14. Apr.	Palmsonntag		01. Nov.	Allerheiligen
18. Apr.	Gründonnerstag		02. Nov.	Allerseelen
19. Aprl	Karfreitag		11. Nov.	St. Martin
21. Apr.	Ostersonntag		20. Nov.	Buß- und Bettag
22. Apr.	Ostermontag		24. Nov.	Totensonntag
01. Mai	Maifeiertag		06. Dez.	Nikolaus
12. Mai	Muttertag		24. Dez.	Heiligabend
30. Mai	Christi Himmelfahrt		25. Dez.	1. Weihnachtsfeiertag
30. Mai	Vatertag		26. Dez.	2. Weihnachtsfeiertag
09. Jun.	Pfingstsonntag		31. Dez.	Silvester

Notizen

Oktober

SEPTEMBER

M	D	M	D	F	S	S
26	27	28	29	30	31	01
02	03	04	05	06	07	08
09	10	11	12	13	14	15
16	17	18	19	20	21	22
23	24	25	26	27	28	29
30	01	02	03	04	05	06

NOVEMBER

M	D	M	D	F	S	S
28	29	30	31	01	02	03
04	05	06	07	08	09	10
11	12	13	14	15	16	17
18	19	20	21	22	23	24
25	26	27	28	29	30	01

Ziele

To Do

MONTAG	DIENSTAG	MITTWOCH
30	01	02
07	08	09
14	15	16
21	22	23
28	29	30

Notizen

2019

DONNERSTAG	FREITAG	SAMSTAG	SONNTAG
03	04	05	06
10	11	12	13
17	18	19	20
24	25	26	27
31	01	02	03

Notizen

Woche 40

MONTAG
30
SEPTEMBER

To Do

DIENSTAG
01
OKTOBER

To Do

MITTWOCH
02
OKTOBER

To Do

DONNERSTAG
03
OKTOBER

To Do

September/Oktober
2019

To Do

- [ ]
- [ ]
- [ ]
- [ ]
- [ ]
- [ ]
- [ ]

FREITAG
04
OKTOBER

To Do

- [ ]
- [ ]
- [ ]
- [ ]
- [ ]
- [ ]
- [ ]
- [ ]

SAMSTAG
05
OKTOBER

To Do

- [ ]
- [ ]
- [ ]
- [ ]
- [ ]
- [ ]
- [ ]

SONNTAG
06
OKTOBER

Notizen

Woche 41

MONTAG
07
OKTOBER

To Do

DIENSTAG
08
OKTOBER

To Do

MITTWOCH
09
OKTOBER

To Do

DONNERSTAG
10
OKTOBER

To Do

Oktober
2019

To Do

-
-
-
-
-
-
-

FREITAG
11
OKTOBER

To Do

-
-
-
-
-
-
-

SAMSTAG
12
OKTOBER

To Do

-
-
-
-
-
-
-

SONNTAG
13
OKTOBER

Notizen

Woche 42

MONTAG
14
OKTOBER

To Do
-
-
-
-
-
-
-

DIENSTAG
15
OKTOBER

To Do
-
-
-
-
-
-
-

MITTWOCH
16
OKTOBER

To Do
-
-
-
-
-
-
-

DONNERSTAG
17
OKTOBER

To Do
-
-
-
-
-
-
-

Oktober
2019

To Do
-
-
-
-
-
-
-

FREITAG
18
OKTOBER

To Do
-
-
-
-
-
-
-

SAMSTAG
19
OKTOBER

To Do
-
-
-
-
-
-
-

SONNTAG
20
OKTOBER

Notizen

Woche 43

MONTAG
21
OKTOBER

To Do

DIENSTAG
22
OKTOBER

To Do

MITTWOCH
23
OKTOBER

To Do

DONNERSTAG
24
OKTOBER

To Do

Oktober
2019

To Do
-
-
-
-
-
-
-

FREITAG
25
OKTOBER

To Do
-
-
-
-
-
-
-

SAMSTAG
26
OKTOBER

To Do
-
-
-
-
-
-
-

SONNTAG
27
OKTOBER

Notizen

Woche 44

MONTAG
28
OKTOBER

To Do

DIENSTAG
29
OKTOBER

To Do

MITTWOCH
30
OKTOBER

To Do

DONNERSTAG
31
OKTOBER

To Do

Oktober/November
2019

To Do

-
-
-
-
-
-
-

FREITAG
01
NOVEMBER

To Do

-
-
-
-
-
-
-

SAMSTAG
02
NOVEMBER

To Do

-
-
-
-
-
-
-

SONNTAG
03
NOVEMBER

Notizen

November

OKTOBER

M	D	M	D	F	S	S
30	01	02	03	04	05	06
07	08	09	10	11	12	13
14	15	16	17	18	19	20
21	22	23	24	25	26	27
28	29	30	31			

DEZEMBER

M	D	M	D	F	S	S
						01
02	03	04	05	06	07	08
09	10	11	12	13	14	15
16	17	18	19	20	21	22
23	24	25	26	27	28	29
30	31					

Ziele

To Do

Notizen

MONTAG	DIENSTAG	MITTWOCH
28	29	30
04	05	06
11	12	13
18	19	20
25	26	27

2019

DONNERSTAG	FREITAG	SAMSTAG	SONNTAG
	01	02	03
07	08	09	10
14	15	16	17
21	22	23	24
28	29	30	01

Notizen

Woche 45

MONTAG
04
NOVEMBER

To Do
-
-
-
-
-
-
-

DIENSTAG
05
NOVEMBER

To Do
-
-
-
-
-
-
-

MITTWOCH
06
NOVEMBER

To Do
-
-
-
-
-
-
-

DONNERSTAG
07
NOVEMBER

To Do
-
-
-
-
-
-
-

November
2019

To Do

-
-
-
-
-
-
-

FREITAG
08
NOVEMBER

To Do

-
-
-
-
-
-
-

SAMSTAG
09
NOVEMBER

To Do

-
-
-
-
-
-
-

SONNTAG
10
NOVEMBER

Notizen

Woche 46

MONTAG
11
NOVEMBER

To Do
-
-
-
-
-
-
-
-

DIENSTAG
12
NOVEMBER

To Do
-
-
-
-
-
-
-
-

MITTWOCH
13
NOVEMBER

To Do
-
-
-
-
-
-
-
-

DONNERSTAG
14
NOVEMBER

To Do
-
-
-
-
-
-
-
-

November
2019

To Do

-
-
-
-
-
-
-

FREITAG
15
NOVEMBER

To Do

-
-
-
-
-
-
-

SAMSTAG
16
NOVEMBER

To Do

-
-
-
-
-
-
-

SONNTAG
17
NOVEMBER

Notizen

Woche 47

MONTAG
18
NOVEMBER

To Do
-
-
-
-
-
-
-

DIENSTAG
19
NOVEMBER

To Do
-
-
-
-
-
-
-

MITTWOCH
20
NOVEMBER

To Do
-
-
-
-
-
-
-

DONNERSTAG
21
NOVEMBER

To Do
-
-
-
-
-
-
-

November
2019

To Do

-
-
-
-
-
-
-

FREITAG
22
NOVEMBER

To Do

-
-
-
-
-
-
-

SAMSTAG
23
NOVEMBER

To Do

-
-
-
-
-
-
-

SONNTAG
24
NOVEMBER

Notizen

Woche 48

MONTAG
25
NOVEMBER

To Do
- ○
- ○
- ○
- ○
- ○
- ○
- ○

DIENSTAG
26
NOVEMBER

To Do
- ○
- ○
- ○
- ○
- ○
- ○
- ○

MITTWOCH
27
NOVEMBER

To Do
- ○
- ○
- ○
- ○
- ○
- ○
- ○

DONNERSTAG
28
NOVEMBER

To Do
- ○
- ○
- ○
- ○
- ○
- ○
- ○

November/Dezember
2019

To Do

-
-
-
-
-
-
-

FREITAG
29
NOVEMBER

To Do

-
-
-
-
-
-
-

SAMSTAG
30
NOVEMBER

To Do

-
-
-
-
-
-
-

SONNTAG
01
DEZEMBER

Notizen

Dezember

NOVEMBER

M	D	M	D	F	S	S
28	29	30	31	01	02	03
04	05	06	07	08	09	10
11	12	13	14	15	16	17
18	19	20	21	22	23	24
25	26	27	28	29	30	

JANUAR

M	D	M	D	F	S	S
		01	02	03	04	05
06	07	08	09	10	11	12
13	14	15	16	17	18	19
20	21	22	23	24	25	26
27	28	29	30	31		

Ziele

To Do

Notizen

MONTAG	DIENSTAG	MITTWOCH
25	26	27
02	03	04
09	10	11
16	17	18
23	24	25
30	31	01

2019

DONNERSTAG	FREITAG	SAMSTAG	SONNTAG
			01
05	06	07	08
12	13	14	15
19	20	21	22
26	27	28	29
02	03	04	05

Woche 49

MONTAG
02
DEZEMBER

To Do

DIENSTAG
03
DEZEMBER

To Do

MITTWOCH
04
DEZEMBER

To Do

DONNERSTAG
05
DEZEMBER

To Do

Dezember
2019

To Do
-
-
-
-
-
-
-

FREITAG
06
DEZEMBER

To Do
-
-
-
-
-
-
-

SAMSTAG
07
DEZEMBER

To Do
-
-
-
-
-
-
-

SONNTAG
08
DEZEMBER

Notizen

Woche 50

MONTAG
09
DEZEMBER

To Do

DIENSTAG
10
DEZEMBER

To Do

MITTWOCH
11
DEZEMBER

To Do

DONNERSTAG
12
DEZEMBER

To Do

Dezember
2019

To Do

-
-
-
-
-
-
-

FREITAG
13
DEZEMBER

To Do

-
-
-
-
-
-
-

SAMSTAG
14
DEZEMBER

To Do

-
-
-
-
-
-
-

SONNTAG
15
DEZEMBER

Notizen

Woche 51

MONTAG
16
DEZEMBER

To Do
- ○
- ○
- ○
- ○
- ○
- ○
- ○

DIENSTAG
17
DEZEMBER

To Do
- ○
- ○
- ○
- ○
- ○
- ○
- ○

MITTWOCH
18
DEZEMBER

To Do
- ○
- ○
- ○
- ○
- ○
- ○
- ○

DONNERSTAG
19
DEZEMBER

To Do
- ○
- ○
- ○
- ○
- ○
- ○
- ○

Dezember
2019

To Do

-
-
-
-
-
-
-

FREITAG
20
DEZEMBER

To Do

-
-
-
-
-
-
-

SAMSTAG
21
DEZEMBER

To Do

-
-
-
-
-
-
-

SONNTAG
22
DEZEMBER

Notizen

Woche 52

MONTAG
23
DEZEMBER

To Do
-
-
-
-
-
-
-

DIENSTAG
24
DEZEMBER

To Do
-
-
-
-
-
-
-

MITTWOCH
25
DEZEMBER

To Do
-
-
-
-
-
-
-

DONNERSTAG
26
DEZEMBER

To Do
-
-
-
-
-
-
-

Dezember
2019

To Do
- [ ]
- [ ]
- [ ]
- [ ]
- [ ]
- [ ]
- [ ]

FREITAG
27
DEZEMBER

To Do
- [ ]
- [ ]
- [ ]
- [ ]
- [ ]
- [ ]
- [ ]

SAMSTAG
28
DEZEMBER

To Do
- [ ]
- [ ]
- [ ]
- [ ]
- [ ]
- [ ]
- [ ]

SONNTAG
29
DEZEMBER

Notizen

Skizzen

Skizzen

Notizen

JANUAR
M	D	M	D	F	S	S
30	31	01	02	03	04	05
06	07	08	09	10	11	12
13	14	15	16	17	18	19
20	21	22	23	24	25	26
27	28	29	30	31	01	02

FEBRUAR
M	D	M	D	F	S	S
27	28	29	30	31	01	02
03	04	05	06	07	08	09
10	11	12	13	14	15	16
17	18	19	20	21	22	23
24	25	26	27	28	29	01

MÄRZ
M	D	M	D	F	S	S
24	25	26	27	28	29	01
02	03	04	05	06	07	08
09	10	11	12	13	14	15
16	17	18	19	20	21	22
23	24	25	26	27	28	29
30	31	01	02	03	04	05

APRIL
M	D	M	D	F	S	S
30	31	01	02	03	04	05
06	07	08	09	10	11	12
13	14	15	16	17	18	19
20	21	22	23	24	25	26
27	28	29	30	01	02	03

MAI
M	D	M	D	F	S	S
27	28	29	30	01	02	03
04	05	06	07	08	09	10
11	12	13	14	15	16	17
18	19	20	21	22	23	24
25	26	27	28	29	30	31

JUNI
M	D	M	D	F	S	S
01	02	03	04	05	06	07
08	09	10	11	12	13	14
15	16	17	18	19	20	21
22	23	24	25	26	27	28
29	30	01	02	03	04	05

JULI
M	D	M	D	F	S	S
29	30	01	02	03	04	05
06	07	08	09	10	11	12
13	14	15	16	17	18	19
20	21	22	23	24	25	26
27	28	29	30	31	01	02

AUGUST
M	D	M	D	F	S	S
27	28	29	30	31	01	02
03	04	05	06	07	08	09
10	11	12	13	14	15	16
17	18	19	20	21	22	23
24	25	26	27	28	29	30
31	01	02	03	04	05	06

SEPTEMBER
M	D	M	D	F	S	S
31	01	02	03	04	05	06
07	08	09	10	11	12	13
14	15	16	17	18	19	20
21	22	23	24	25	26	27
28	29	30	01	02	03	04

OKTOBER
M	D	M	D	F	S	S
28	29	30	01	02	03	04
05	06	07	08	09	10	11
12	13	14	15	16	17	18
19	20	21	22	23	24	25
26	27	28	29	30	31	01

NOVEMBER
M	D	M	D	F	S	S
26	27	28	29	30	31	01
02	03	04	05	06	07	08
09	10	11	12	13	14	15
16	17	18	19	20	21	22
23	24	25	26	27	28	29
30	01	02	03	04	05	06

DEZEMBER
M	D	M	D	F	S	S
30	01	02	03	04	05	06
07	08	09	10	11	12	13
14	15	16	17	18	19	20
21	22	23	24	25	26	27
28	29	30	31	01	02	03

Feiertage

01. Jan.	Neujahr		01. Jun.	Pfingstmontag
06. Jan.	Heilig Drei Könige		11. Jun.	Fronleichnam
14. Feb.	Valentinstag		15. Aug.	Mariä Himmelfahrt
20. Feb.	Altweiberfasching		03. Okt.	Tag der Deutschen Einheit
24. Feb.	Rosenmontag		04. Okt.	Erntedankfest
25. Feb.	Faschingsdienstag		31. Okt.	Reformationstag
26. Feb.	Aschermittwoch		31. Okt.	Halloween
05. Apr.	Palmsonntag		01. Nov.	Allerheiligen
09. Apr.	Gründonnerstag		02. Nov.	Allerseelen
10. Aprl	Karfreitag		11. Nov.	St. Martin
12. Apr.	Ostersonntag		18. Nov.	Buß- und Bettag
13. Apr.	Ostermontag		22. Nov.	Totensonntag
01. Mai	Maifeiertag		06. Dez.	Nikolaus
10. Mai	Muttertag		24. Dez.	Heiligabend
21. Mai	Christi Himmelfahrt		25. Dez.	1. Weihnachtsfeiertag
21. Mai	Vatertag		26. Dez.	2. Weihnachtsfeiertag
31. Mai	Pfingstsonntag		31. Dez.	Silvester

Notizen

Januar

DEZEMBER

M	D	M	D	F	S	S
25	26	27	28	29	30	01
02	03	04	05	06	07	08
09	10	11	12	13	14	15
16	17	18	19	20	21	22
23	24	25	26	27	28	29
30	31	01	02	03	04	05

FEBRUAR

M	D	M	D	F	S	S
27	28	29	30	31	01	02
03	04	05	06	07	08	09
10	11	12	13	14	15	16
17	18	19	20	21	22	23
24	25	26	27	28	29	

Ziele

_____
_____
_____
_____
_____
_____

To Do

_____
_____
_____
_____
_____
_____
_____
_____

MONTAG	DIENSTAG	MITTWOCH
30	31	01
06	07	08
13	14	15
20	21	22
27	28	29

Notizen

2020

DONNERSTAG	FREITAG	SAMSTAG	SONNTAG
02	03	04	05
09	10	11	12
16	17	18	19
23	24	25	26
30	31	01	02

Notizen

Woche 1

MONTAG
30
DEZEMBER

To Do

DIENSTAG
31
DEZEMBER

To Do

MITTWOCH
01
JANUAR

To Do

DONNERSTAG
02
JANUAR

To Do

Dezember/Januar
2019/2020

To Do

-
-
-
-
-
-
-

FREITAG
03
JANUAR

To Do

-
-
-
-
-
-
-

SAMSTAG
04
JANUAR

To Do

-
-
-
-
-
-
-

SONNTAG
05
JANUAR

Notizen

Woche 2

MONTAG
06
JANUAR

To Do

DIENSTAG
07
JANUAR

To Do

MITTWOCH
08
JANUAR

To Do

DONNERSTAG
09
JANUAR

To Do

Januar
2020

To Do

-
-
-
-
-
-
-

FREITAG
10
JANUAR

To Do

-
-
-
-
-
-
-

SAMSTAG
11
JANUAR

To Do

-
-
-
-
-
-
-

SONNTAG
12
JANUAR

Notizen

Woche 3

MONTAG
13
JANUAR

To Do
- ◯
- ◯
- ◯
- ◯
- ◯
- ◯
- ◯

DIENSTAG
14
JANUAR

To Do
- ◯
- ◯
- ◯
- ◯
- ◯
- ◯
- ◯

MITTWOCH
15
JANUAR

To Do
- ◯
- ◯
- ◯
- ◯
- ◯
- ◯
- ◯

DONNERSTAG
16
JANUAR

To Do
- ◯
- ◯
- ◯
- ◯
- ◯
- ◯
- ◯

Januar
2020

To Do

- [ ]
- [ ]
- [ ]
- [ ]
- [ ]
- [ ]
- [ ]

FREITAG
17
JANUAR

To Do

- [ ]
- [ ]
- [ ]
- [ ]
- [ ]
- [ ]
- [ ]

SAMSTAG
18
JANUAR

To Do

- [ ]
- [ ]
- [ ]
- [ ]
- [ ]
- [ ]
- [ ]

SONNTAG
19
JANUAR

Notizen

Woche 4

MONTAG
20
JANUAR

To Do
-
-
-
-
-
-
-

DIENSTAG
21
JANUAR

To Do
-
-
-
-
-
-
-

MITTWOCH
22
JANUAR

To Do
-
-
-
-
-
-
-

DONNERSTAG
23
JANUAR

To Do
-
-
-
-
-
-
-

Januar
2020

To Do

-
-
-
-
-
-
-
-

FREITAG
24
JANUAR

To Do

-
-
-
-
-
-
-
-

SAMSTAG
25
JANUAR

To Do

-
-
-
-
-
-
-
-

SONNTAG
26
JANUAR

Notizen

Woche 5

MONTAG
27
JANUAR

To Do

DIENSTAG
28
JANUAR

To Do

MITTWOCH
29
JANUAR

To Do

DONNERSTAG
30
JANUAR

To Do

Januar/Februar
2020

To Do

FREITAG
31
JANUAR

To Do

SAMSTAG
01
FEBRUAR

To Do

SONNTAG
02
FEBRUAR

Notizen

Februar

JANUAR

M	D	M	D	F	S	S
30	31	01	02	03	04	05
06	07	08	09	10	11	12
13	14	15	16	17	18	19
20	21	22	23	24	25	26
27	28	29	30	31	01	02

MÄRZ

M	D	M	D	F	S	S
24	25	26	27	28	29	01
02	03	04	05	06	07	08
09	10	11	12	13	14	15
16	17	18	19	20	21	22
23	24	25	26	27	28	29
30	31	01	02	03	04	05

Ziele

To Do

MONTAG	DIENSTAG	MITTWOCH
27	28	29
03	04	05
10	11	12
17	18	19
24	25	26

Notizen

2020

DONNERSTAG	FREITAG	SAMSTAG	SONNTAG
		01	02
06	07	08	09
13	14	15	16
20	21	22	23
27	28	29	01

Notizen

Woche 6

MONTAG
03
FEBRUAR

To Do

DIENSTAG
04
FEBRUAR

To Do

MITTWOCH
05
FEBRUAR

To Do

DONNERSTAG
06
FEBRUAR

To Do

Februar
2020

To Do

-
-
-
-
-
-
-

FREITAG
07
FEBRUAR

To Do

-
-
-
-
-
-
-

SAMSTAG
08
FEBRUAR

To Do

-
-
-
-
-
-
-

SONNTAG
09
FEBRUAR

Notizen

Woche 7

MONTAG
10
FEBRUAR

To Do
- ○
- ○
- ○
- ○
- ○
- ○
- ○

DIENSTAG
11
FEBRUAR

To Do
- ○
- ○
- ○
- ○
- ○
- ○
- ○

MITTWOCH
12
FEBRUAR

To Do
- ○
- ○
- ○
- ○
- ○
- ○
- ○

DONNERSTAG
13
FEBRUAR

To Do
- ○
- ○
- ○
- ○
- ○
- ○
- ○

Februar
2020

To Do
-
-
-
-
-
-
-

FREITAG
14
FEBRUAR

To Do
-
-
-
-
-
-
-

SAMSTAG
15
FEBRUAR

To Do
-
-
-
-
-
-
-

SONNTAG
16
FEBRUAR

Notizen

Woche 8

MONTAG
17
FEBRUAR

To Do
-
-
-
-
-
-
-

DIENSTAG
18
FEBRUAR

To Do
-
-
-
-
-
-
-

MITTWOCH
19
FEBRUAR

To Do
-
-
-
-
-
-
-

DONNERSTAG
20
FEBRUAR

To Do
-
-
-
-
-
-
-

Februar
2020

To Do

-
-
-
-
-
-
-

FREITAG
21
FEBRUAR

To Do

-
-
-
-
-
-
-

SAMSTAG
22
FEBRUAR

To Do

-
-
-
-
-
-
-

SONNTAG
23
FEBRUAR

Notizen

Woche 9

MONTAG
24
FEBRUAR

To Do

DIENSTAG
25
FEBRUAR

To Do

MITTWOCH
26
FEBRUAR

To Do

DONNERSTAG
27
FEBRUAR

To Do

Februar/ März
2020

To Do
-
-
-
-
-
-
-

FREITAG
28
FEBRUAR

To Do
-
-
-
-
-
-
-

SAMSTAG
29
FEBRUAR

To Do
-
-
-
-
-
-
-

SONNTAG
01
MÄRZ

Notizen

März

FEBRUAR

M	D	M	D	F	S	S
27	28	29	30	31	01	02
03	04	05	06	07	08	09
10	11	12	13	14	15	16
17	18	19	20	21	22	23
24	25	26	27	28	29	

APRIL

M	D	M	D	F	S	S
		01	02	03	04	05
06	07	08	09	10	11	12
13	14	15	16	17	18	19
20	21	22	23	24	25	26
27	28	29	30			

Ziele

_____
_____
_____
_____
_____

To Do

_____
_____
_____
_____
_____

Notizen

MONTAG	DIENSTAG	MITTWOCH
24	25	26
02	03	04
09	10	11
16	17	18
23	24	25
30	31	01

2020

DONNERSTAG	FREITAG	SAMSTAG	SONNTAG
			01
05	06	07	08
12	13	14	15
19	20	21	22
26	27	28	29
02	03	04	05

Woche 10

MONTAG
02
MÄRZ

To Do

DIENSTAG
03
MÄRZ

To Do

MITTWOCH
04
MÄRZ

To Do

DONNERSTAG
05
MÄRZ

To Do

März
2020

To Do

FREITAG
06
MÄRZ

To Do

SAMSTAG
07
MÄRZ

To Do

SONNTAG
08
MÄRZ

Notizen

Woche 11

MONTAG
09
MÄRZ

To Do

DIENSTAG
10
MÄRZ

To Do

MITTWOCH
11
MÄRZ

To Do

DONNERSTAG
12
MÄRZ

To Do

März
2020

To Do
-
-
-
-
-
-
-

FREITAG
13
MÄRZ

To Do
-
-
-
-
-
-
-

SAMSTAG
14
MÄRZ

To Do
-
-
-
-
-
-
-

SONNTAG
15
MÄRZ

Notizen

/ Woche 12

MONTAG
16
MÄRZ

To Do
- ○
- ○
- ○
- ○
- ○
- ○
- ○

DIENSTAG
17
MÄRZ

To Do
- ○
- ○
- ○
- ○
- ○
- ○
- ○

MITTWOCH
18
MÄRZ

To Do
- ○
- ○
- ○
- ○
- ○
- ○
- ○

DONNERSTAG
19
MÄRZ

To Do
- ○
- ○
- ○
- ○
- ○
- ○
- ○

März
2020

To Do

-
-
-
-
-
-
-

FREITAG
20
MÄRZ

To Do

-
-
-
-
-
-
-

SAMSTAG
21
MÄRZ

To Do

-
-
-
-
-
-
-

SONNTAG
22
MÄRZ

Notizen

Woche 13

MONTAG
23
MÄRZ

To Do
-
-
-
-
-
-
-

DIENSTAG
24
MÄRZ

To Do
-
-
-
-
-
-
-

MITTWOCH
25
MÄRZ

To Do
-
-
-
-
-
-
-

DONNERSTAG
26
MÄRZ

To Do
-
-
-
-
-
-
-

März
2020

To Do

FREITAG
27
MÄRZ

To Do

SAMSTAG
28
MÄRZ

To Do

SONNTAG
29
MÄRZ

Notizen

Woche 14

MONTAG
30
MÄRZ

To Do

DIENSTAG
31
MÄRZ

To Do

MITTWOCH
01
APRIL

To Do

DONNERSTAG
02
APRIL

To Do

März/April
2020

To Do

-
-
-
-
-
-
-

FREITAG
03
APRIL

To Do

-
-
-
-
-
-
-

SAMSTAG
04
APRIL

To Do

-
-
-
-
-
-
-

SONNTAG
05
APRIL

Notizen

April

MÄRZ

M	D	M	D	F	S	S
24	25	26	27	28	29	01
02	03	04	05	06	07	08
09	10	11	12	13	14	15
16	17	18	19	20	21	22
23	24	25	26	27	28	29
30	31	01	02	03	04	05

MAI

M	D	M	D	F	S	S
27	28	29	30	01	02	03
04	05	06	07	08	09	10
11	12	13	14	15	16	17
18	19	20	21	22	23	24
25	26	27	28	29	30	31

Ziele

To Do

MONTAG	DIENSTAG	MITTWOCH
30	31	01
06	07	08
13	14	15
20	21	22
27	28	29

Notizen

2020

DONNERSTAG	FREITAG	SAMSTAG	SONNTAG
02	03	04	05
09	10	11	12
16	17	18	19
23	24	25	26
30	01	02	03

Notizen

Woche 15

MONTAG
06
APRIL

To Do
-
-
-
-
-
-
-

DIENSTAG
07
APRIL

To Do
-
-
-
-
-
-
-

MITTWOCH
08
APRIL

To Do
-
-
-
-
-
-
-

DONNERSTAG
09
APRIL

To Do
-
-
-
-
-
-
-

April
2020

To Do

To Do

To Do

FREITAG
10
APRIL

SAMSTAG
11
APRIL

SONNTAG
12
APRIL

Notizen

Woche 16

MONTAG
13
APRIL

To Do

DIENSTAG
14
APRIL

To Do

MITTWOCH
15
APRIL

To Do

DONNERSTAG
16
APRIL

To Do

April
2020

To Do

-
-
-
-
-
-
-

FREITAG
17
APRIL

To Do

-
-
-
-
-
-
-

SAMSTAG
18
APRIL

To Do

-
-
-
-
-
-
-

SONNTAG
19
APRIL

Notizen

Woche 17

MONTAG
20
APRIL

To Do
-
-
-
-
-
-
-

DIENSTAG
21
APRIL

To Do
-
-
-
-
-
-
-

MITTWOCH
22
APRIL

To Do
-
-
-
-
-
-
-

DONNERSTAG
23
APRIL

To Do
-
-
-
-
-
-
-

April
2020

To Do

-
-
-
-
-
-
-

FREITAG
24
APRIL

To Do

-
-
-
-
-
-
-

SAMSTAG
25
APRIL

To Do

-
-
-
-
-
-
-

SONNTAG
26
APRIL

Notizen

Woche 18

MONTAG
27
APRIL

To Do

DIENSTAG
28
APRIL

To Do

MITTWOCH
29
APRIL

To Do

DONNERSTAG
30
APRIL

To Do

April/Mai
2020

To Do
-
-
-
-
-
-
-
-

FREITAG
01
MAI

To Do
-
-
-
-
-
-
-
-

SAMSTAG
02
MAI

To Do
-
-
-
-
-
-
-
-

SONNTAG
03
MAI

Notizen

Mai

APRIL

M	D	M	D	F	S	S
30	31	01	02	03	04	05
06	07	08	09	10	11	12
13	14	15	16	17	18	19
20	21	22	23	24	25	26
27	28	29	30			

JUNI

M	D	M	D	F	S	S
01	02	03	04	05	06	07
08	09	10	11	12	13	14
15	16	17	18	19	20	21
22	23	24	25	26	27	28
29	30					

Ziele

To Do

Notizen

MONTAG	DIENSTAG	MITTWOCH
27	28	29
04	05	06
11	12	13
18	19	20
25	26	27

2020

DONNERSTAG	FREITAG	SAMSTAG	SONNTAG
	01	02	03
07	08	09	10
14	15	16	17
21	22	23	24
28	29	30	31

Notizen

Woche 19

MONTAG 04 MAI

To Do

DIENSTAG 05 MAI

To Do

MITTWOCH 06 MAI

To Do

DONNERSTAG 07 MAI

To Do

Mai
2020

To Do

-
-
-
-
-
-
-

FREITAG
08
MAI

To Do

-
-
-
-
-
-
-

SAMSTAG
09
MAI

To Do

-
-
-
-
-
-
-

SONNTAG
10
MAI

Notizen

Woche 20

MONTAG
11
MAI

To Do

DIENSTAG
12
MAI

To Do

MITTWOCH
13
MAI

To Do

DONNERSTAG
14
MAI

To Do

Mai
2020

To Do
-
-
-
-
-
-
-
-

FREITAG
15
MAI

To Do
-
-
-
-
-
-
-
-

SAMSTAG
16
MAI

To Do
-
-
-
-
-
-
-
-

SONNTAG
17
MAI

Notizen

Woche 21

MONTAG
18
MAI

To Do
-
-
-
-
-
-
-

DIENSTAG
19
MAI

To Do
-
-
-
-
-
-
-

MITTWOCH
20
MAI

To Do
-
-
-
-
-
-
-

DONNERSTAG
21
MAI

To Do
-
-
-
-
-
-
-

Mai
2020

To Do

FREITAG
22
MAI

To Do

SAMSTAG
23
MAI

To Do

SONNTAG
24
MAI

Notizen

Woche 22

MONTAG
25
MAI

To Do

DIENSTAG
26
MAI

To Do

MITTWOCH
27
MAI

To Do

DONNERSTAG
28
MAI

To Do

Mai
2020

To Do

-
-
-
-
-
-
-

FREITAG
29
MAI

To Do

-
-
-
-
-
-
-

SAMSTAG
30
MAI

To Do

-
-
-
-
-
-
-

SONNTAG
31
MAI

Notizen

Juni

MAI

M	D	M	D	F	S	S
27	28	29	30	01	02	03
04	05	06	07	08	09	10
11	12	13	14	15	16	17
18	19	20	21	22	23	24
25	26	27	28	29	30	31

JULI

M	D	M	D	F	S	S
29	30	01	02	03	04	05
06	07	08	09	10	11	12
13	14	15	16	17	18	19
20	21	22	23	24	25	26
27	28	29	30	31	01	02

Ziele

To Do

MONTAG	DIENSTAG	MITTWOCH
01	02	03
08	09	10
15	16	17
22	23	24
29	30	01

Notizen

2020

DONNERSTAG	FREITAG	SAMSTAG	SONNTAG
04	05	06	07
11	12	13	14
18	19	20	21
25	26	27	28
02	03	04	05

Notizen

Woche 23

MONTAG
01
JUNI

To Do

DIENSTAG
02
JUNI

To Do

MITTWOCH
03
JUNI

To Do

DONNERSTAG
04
JUNI

To Do

Juni
2020

To Do
-
-
-
-
-
-
-

FREITAG
05
JUNI

To Do
-
-
-
-
-
-
-

SAMSTAG
06
JUNI

To Do
-
-
-
-
-
-
-

SONNTAG
07
JUNI

Notizen

Woche 24

MONTAG
08
JUNI

To Do

DIENSTAG
09
JUNI

To Do

MITTWOCH
10
JUNI

To Do

DONNERSTAG
11
JUNI

To Do

Juni
2020

To Do
-
-
-
-
-
-
-

FREITAG
12
JUNI

To Do
-
-
-
-
-
-
-

SAMSTAG
13
JUNI

To Do
-
-
-
-
-
-
-

SONNTAG
14
JUNI

Notizen

Woche 25

MONTAG
15
JUNI

To Do
-
-
-
-
-
-
-

DIENSTAG
16
JUNI

To Do
-
-
-
-
-
-
-

MITTWOCH
17
JUNI

To Do
-
-
-
-
-
-
-

DONNERSTAG
18
JUNI

To Do
-
-
-
-
-
-
-

Juni
2020

To Do

FREITAG
19
JUNI

To Do

SAMSTAG
20
JUNI

To Do

SONNTAG
21
JUNI

Notizen

Woche 26

MONTAG 22 JUNI

To Do

DIENSTAG 23 JUNI

To Do

MITTWOCH 24 JUNI

To Do

DONNERSTAG 25 JUNI

To Do

# Juni
2020

To Do

-
-
-
-
-
-
-

FREITAG
26
JUNI

To Do

-
-
-
-
-
-
-

SAMSTAG
27
JUNI

To Do

-
-
-
-
-
-
-

SONNTAG
28
JUNI

Notizen

Woche 27

MONTAG
29
JUNI

To Do
-
-
-
-
-
-
-

DIENSTAG
30
JUNI

To Do
-
-
-
-
-
-
-

MITTWOCH
01
JULI

To Do
-
-
-
-
-
-
-

DONNERSTAG
02
JULI

To Do
-
-
-
-
-
-
-

Juni/Juli
2020

To Do
-
-
-
-
-
-
-

FREITAG
03
JULI

To Do
-
-
-
-
-
-
-

SAMSTAG
04
JULI

To Do
-
-
-
-
-
-
-

SONNTAG
05
JULI

Notizen

Juli

JUNI

M	D	M	D	F	S	S
01	02	03	04	05	06	07
08	09	10	11	12	13	14
15	16	17	18	19	20	21
22	23	24	25	26	27	28
29	30	01	02	03	04	05

AUGUST

M	D	M	D	F	S	S
27	28	29	30	31	01	02
03	04	05	06	07	08	09
10	11	12	13	14	15	16
17	18	19	20	21	22	23
24	25	26	27	28	29	30
31	01	02	03	04	05	06

Ziele

_____
_____
_____
_____

To Do

_____
_____
_____
_____

MONTAG	DIENSTAG	MITTWOCH
29	30	01
06	07	08
13	14	15
20	21	22
27	28	29

Notizen

2020

DONNERSTAG	FREITAG	SAMSTAG	SONNTAG
02	03	04	05
09	10	11	12
16	17	18	19
23	24	25	26
30	31	01	02

Notizen

Woche 28

MONTAG
06
JULI

To Do
-
-
-
-
-
-
-

DIENSTAG
07
JULI

To Do
-
-
-
-
-
-
-

MITTWOCH
08
JULI

To Do
-
-
-
-
-
-
-

DONNERSTAG
09
JULI

To Do
-
-
-
-
-
-
-

Juli
2020

To Do

- [ ]
- [ ]
- [ ]
- [ ]
- [ ]
- [ ]
- [ ]

FREITAG
10
JULI

To Do

- [ ]
- [ ]
- [ ]
- [ ]
- [ ]
- [ ]
- [ ]

SAMSTAG
11
JULI

To Do

- [ ]
- [ ]
- [ ]
- [ ]
- [ ]
- [ ]
- [ ]

SONNTAG
12
JULI

Notizen

Woche 29

MONTAG
13
JULI

To Do
-
-
-
-
-
-
-

DIENSTAG
14
JULI

To Do
-
-
-
-
-
-
-

MITTWOCH
15
JULI

To Do
-
-
-
-
-
-
-

DONNERSTAG
16
JULI

To Do
-
-
-
-
-
-
-

Juli
2020

To Do

FREITAG
17
JULI

To Do

SAMSTAG
18
JULI

To Do

SONNTAG
19
JULI

Notizen

Woche 30

MONTAG
20
JULI

To Do
-
-
-
-
-
-
-

DIENSTAG
21
JULI

To Do
-
-
-
-
-
-
-

MITTWOCH
22
JULI

To Do
-
-
-
-
-
-
-

DONNERSTAG
23
JULI

To Do
-
-
-
-
-
-
-

Juli
2020

To Do

-
-
-
-
-
-
-

FREITAG
24
JULI

To Do

-
-
-
-
-
-
-

SAMSTAG
25
JULI

To Do

-
-
-
-
-
-
-

SONNTAG
26
JULI

Notizen

Woche 31

MONTAG
27
JULI

To Do

DIENSTAG
28
JULI

To Do

MITTWOCH
29
JULI

To Do

DONNERSTAG
30
JULI

To Do

Juli/August
2020

To Do

-
-
-
-
-
-
-
-

FREITAG
31
JULI

To Do

-
-
-
-
-
-
-
-

SAMSTAG
01
AUGUST

To Do

-
-
-
-
-
-
-
-

SONNTAG
02
AUGUST

Notizen

August

JULI

M	D	M	D	F	S	S
29	30	01	02	03	04	05
06	07	08	09	10	11	12
13	14	15	16	17	18	19
20	21	22	23	24	25	26
27	28	29	30	31	01	02

SEPTEMBER

M	D	M	D	F	S	S
31	01	02	03	04	05	06
07	08	09	10	11	12	13
14	15	16	17	18	19	20
21	22	23	24	25	26	27
28	29	30	01	02	03	04

Ziele

To Do

Notizen

MONTAG	DIENSTAG	MITTWOCH
27	28	29
03	04	05
10	11	12
17	18	19
24	25	26
31	01	02

2020

DONNERSTAG	FREITAG	SAMSTAG	SONNTAG
		01	02
06	07	08	09
13	14	15	16
20	21	22	23
27	28	29	30
03	04	05	06

Woche 32

MONTAG
03
AUGUST

To Do
-
-
-
-
-
-
-

DIENSTAG
04
AUGUST

To Do
-
-
-
-
-
-
-

MITTWOCH
05
AUGUST

To Do
-
-
-
-
-
-
-

DONNERSTAG
06
AUGUST

To Do
-
-
-
-
-
-
-

August
2020

To Do
-
-
-
-
-
-
-

FREITAG
07
AUGUST

To Do
-
-
-
-
-
-
-

SAMSTAG
08
AUGUST

To Do
-
-
-
-
-
-
-

SONNTAG
09
AUGUST

Notizen

Woche 33

MONTAG
10
AUGUST

To Do
- ○
- ○
- ○
- ○
- ○
- ○
- ○

DIENSTAG
11
AUGUST

To Do
- ○
- ○
- ○
- ○
- ○
- ○
- ○

MITTWOCH
12
AUGUST

To Do
- ○
- ○
- ○
- ○
- ○
- ○
- ○

DONNERSTAG
13
AUGUST

To Do
- ○
- ○
- ○
- ○
- ○
- ○
- ○

August
2020

To Do

FREITAG
14
AUGUST

To Do

SAMSTAG
15
AUGUST

To Do

SONNTAG
16
AUGUST

Notizen

Woche 34

MONTAG
17
AUGUST

To Do
-
-
-
-
-
-
-

DIENSTAG
18
AUGUST

To Do
-
-
-
-
-
-
-

MITTWOCH
19
AUGUST

To Do
-
-
-
-
-
-
-

DONNERSTAG
20
AUGUST

To Do
-
-
-
-
-
-
-

August
2020

To Do

-
-
-
-
-
-
-

FREITAG
21
AUGUST

To Do

-
-
-
-
-
-
-

SAMSTAG
22
AUGUST

To Do

-
-
-
-
-
-
-

SONNTAG
23
AUGUST

Notizen

Woche 35

MONTAG
24
AUGUST

To Do
-
-
-
-
-
-
-

DIENSTAG
25
AUGUST

To Do
-
-
-
-
-
-
-

MITTWOCH
26
AUGUST

To Do
-
-
-
-
-
-
-

DONNERSTAG
27
AUGUST

To Do
-
-
-
-
-
-
-

August
2020

To Do

-
-
-
-
-
-
-
-

FREITAG
28
AUGUST

To Do

-
-
-
-
-
-
-
-

SAMSTAG
29
AUGUST

To Do

-
-
-
-
-
-
-
-

SONNTAG
30
AUGUST

Notizen

Woche 36

MONTAG
31
AUGUST

To Do

DIENSTAG
01
SEPTEMBER

To Do

MITTWOCH
02
SEPTEMBER

To Do

DONNERSTAG
03
SEPTEMBER

To Do

August/September
2020

To Do

-
-
-
-
-
-
-

FREITAG
04
SEPTEMBER

To Do

-
-
-
-
-
-
-

SAMSTAG
05
SEPTEMBER

To Do

-
-
-
-
-
-
-

SONNTAG
06
SEPTEMBER

Notizen

September

AUGUST

M	D	M	D	F	S	S
27	28	29	30	31	01	02
03	04	05	06	07	08	09
10	11	12	13	14	15	16
17	18	19	20	21	22	23
24	25	26	27	28	29	30
31	01	02	03	04	05	06

OKTOBER

M	D	M	D	F	S	S
28	29	30	01	02	03	04
05	06	07	08	09	10	11
12	13	14	15	16	17	18
19	20	21	22	23	24	25
26	27	28	29	30	31	01

Ziele

_____
_____
_____
_____

To Do

_____
_____
_____
_____
_____
_____

MONTAG	DIENSTAG	MITTWOCH
31	01	02
07	08	09
14	15	16
21	22	23
28	29	30

Notizen

2020

DONNERSTAG	FREITAG	SAMSTAG	SONNTAG
03	04	05	06
10	11	12	13
17	18	19	20
24	25	26	27
01	02	03	04

Notizen

Woche 37

MONTAG
07
SEPTEMBER

To Do
- ○
- ○
- ○
- ○
- ○
- ○
- ○

DIENSTAG
08
SEPTEMBER

To Do
- ○
- ○
- ○
- ○
- ○
- ○
- ○

MITTWOCH
09
SEPTEMBER

To Do
- ○
- ○
- ○
- ○
- ○
- ○
- ○

DONNERSTAG
10
SEPTEMBER

To Do
- ○
- ○
- ○
- ○
- ○
- ○
- ○

September
2020

To Do
-
-
-
-
-
-
-

FREITAG
11
SEPTEMBER

To Do
-
-
-
-
-
-
-

SAMSTAG
12
SEPTEMBER

To Do
-
-
-
-
-
-
-

SONNTAG
13
SEPTEMBER

Notizen

Woche 38

MONTAG
14
SEPTEMBER

To Do
-
-
-
-
-
-
-

DIENSTAG
15
SEPTEMBER

To Do
-
-
-
-
-
-
-

MITTWOCH
16
SEPTEMBER

To Do
-
-
-
-
-
-
-

DONNERSTAG
17
SEPTEMBER

To Do
-
-
-
-
-
-
-

September
2020

To Do

-
-
-
-
-
-
-

FREITAG
18
SEPTEMBER

To Do

-
-
-
-
-
-
-

SAMSTAG
19
SEPTEMBER

To Do

-
-
-
-
-
-
-

SONNTAG
20
SEPTEMBER

Notizen

Woche 39

MONTAG
21
SEPTEMBER

To Do
-
-
-
-
-
-
-

DIENSTAG
22
SEPTEMBER

To Do
-
-
-
-
-
-
-

MITTWOCH
23
SEPTEMBER

To Do
-
-
-
-
-
-
-

DONNERSTAG
24
SEPTEMBER

To Do
-
-
-
-
-
-
-

September
2020

To Do

FREITAG
25
SEPTEMBER

To Do

SAMSTAG
26
SEPTEMBER

To Do

SONNTAG
27
SEPTEMBER

Notizen

Woche 40

MONTAG
28
SEPTEMBER

To Do

DIENSTAG
29
SEPTEMBER

To Do

MITTWOCH
30
SEPTEMBER

To Do

DONNERSTAG
01
OKTOBER

To Do

September/Oktober
2020

To Do

-
-
-
-
-
-
-
-

FREITAG
02
OKTOBER

To Do

-
-
-
-
-
-
-
-

SAMSTAG
03
OKTOBER

To Do

-
-
-
-
-
-
-
-

SONNTAG
04
OKTOBER

Notizen

Oktober

SEPTEMBER

M	D	M	D	F	S	S
31	01	02	03	04	05	06
07	08	09	10	11	12	13
14	15	16	17	18	19	20
21	22	23	24	25	26	27
28	29	30				

NOVEMBER

M	D	M	D	F	S	S
						01
02	03	04	05	06	07	08
09	10	11	12	13	14	15
16	17	18	19	20	21	22
23	24	25	26	27	28	29
30						

Ziele

_____
_____
_____
_____

To Do

_____
_____
_____
_____

MONTAG	DIENSTAG	MITTWOCH
28	29	30
05	06	07
12	13	14
19	20	21
26	27	28

Notizen

2020

DONNERSTAG	FREITAG	SAMSTAG	SONNTAG
01	02	03	04
08	09	10	11
15	16	17	18
22	23	24	25
29	30	31	

Notizen

Woche 41

MONTAG
05
OKTOBER

To Do
-
-
-
-
-
-
-

DIENSTAG
06
OKTOBER

To Do
-
-
-
-
-
-
-

MITTWOCH
07
OKTOBER

To Do
-
-
-
-
-
-
-

DONNERSTAG
08
OKTOBER

To Do
-
-
-
-
-
-
-

Oktober
2020

To Do

-
-
-
-
-
-
-

FREITAG
09
OKTOBER

To Do

-
-
-
-
-
-
-

SAMSTAG
10
OKTOBER

To Do

-
-
-
-
-
-
-

SONNTAG
11
OKTOBER

Notizen

Woche 42

MONTAG
12
OKTOBER

To Do
-
-
-
-
-
-
-

DIENSTAG
13
OKTOBER

To Do
-
-
-
-
-
-
-

MITTWOCH
14
OKTOBER

To Do
-
-
-
-
-
-
-

DONNERSTAG
15
OKTOBER

To Do
-
-
-
-
-
-
-

Oktober
2020

To Do
-
-
-
-
-
-
-

FREITAG
16
OKTOBER

To Do
-
-
-
-
-
-
-

SAMSTAG
17
OKTOBER

To Do
-
-
-
-
-
-
-

SONNTAG
18
OKTOBER

Notizen

Woche 43

MONTAG
19
OKTOBER

To Do

DIENSTAG
20
OKTOBER

To Do

MITTWOCH
21
OKTOBER

To Do

DONNERSTAG
22
OKTOBER

To Do

Oktober
2020

To Do

-
-
-
-
-
-
-

FREITAG
23
OKTOBER

To Do

-
-
-
-
-
-
-

SAMSTAG
24
OKTOBER

To Do

-
-
-
-
-
-
-

SONNTAG
25
OKTOBER

Notizen

Woche 44

MONTAG
26
OKTOBER

To Do
-
-
-
-
-
-
-

DIENSTAG
27
OKTOBER

To Do
-
-
-
-
-
-
-

MITTWOCH
28
OKTOBER

To Do
-
-
-
-
-
-
-

DONNERSTAG
29
OKTOBER

To Do
-
-
-
-
-
-
-

Oktober/November
2020

To Do

FREITAG
30
OKTOBER

To Do

SAMSTAG
31
OKTOBER

To Do

SONNTAG
01
NOVEMBER

Notizen

Skizzen

Skizzen

Notizen

Notizen

Notizen

Notizen

Notizen

www.ingramcontent.com/pod-product-compliance
Lightning Source LLC
Chambersburg PA
CBHW060837220526
45466CB00003B/1142